清賞叢書

荔枝譜

〔宋〕蔡襄等著

圖書在版編目（CIP）數據

荔枝譜 /（宋）蔡襄等著. — 揚州 ： 廣陵書社,
2023.6
（清賞叢書）
ISBN 978-7-5554-2108-5

Ⅰ. ①荔… Ⅱ. ①蔡… Ⅲ. ①荔枝－果樹園藝 Ⅳ.
①S667.1

中國國家版本館CIP數據核字(2023)第119959號

ISBN 978-7-5554-2108-5

荔枝譜

著者 〔宋〕蔡襄等
責任編輯 王麗
出版人 曾學文
出版發行 廣陵書社
社址 揚州市四望亭路2-4號
郵編 二二五〇〇一
電話 （〇五一四）八五二二八〇八一（總編辦）
八五二二八〇八八（發行部）
印刷 揚州文津閣古籍印務有限公司
版次 二〇二三年六月第一版
印次 二〇二三年六月第一次印刷
標準書號 ISBN 978-7-5554-2108-5
定價 壹佰貳拾捌圓整（全二册）

微信二維碼
微博二維碼

http://www.yzglpub.com E-mail:yzglss@163.com

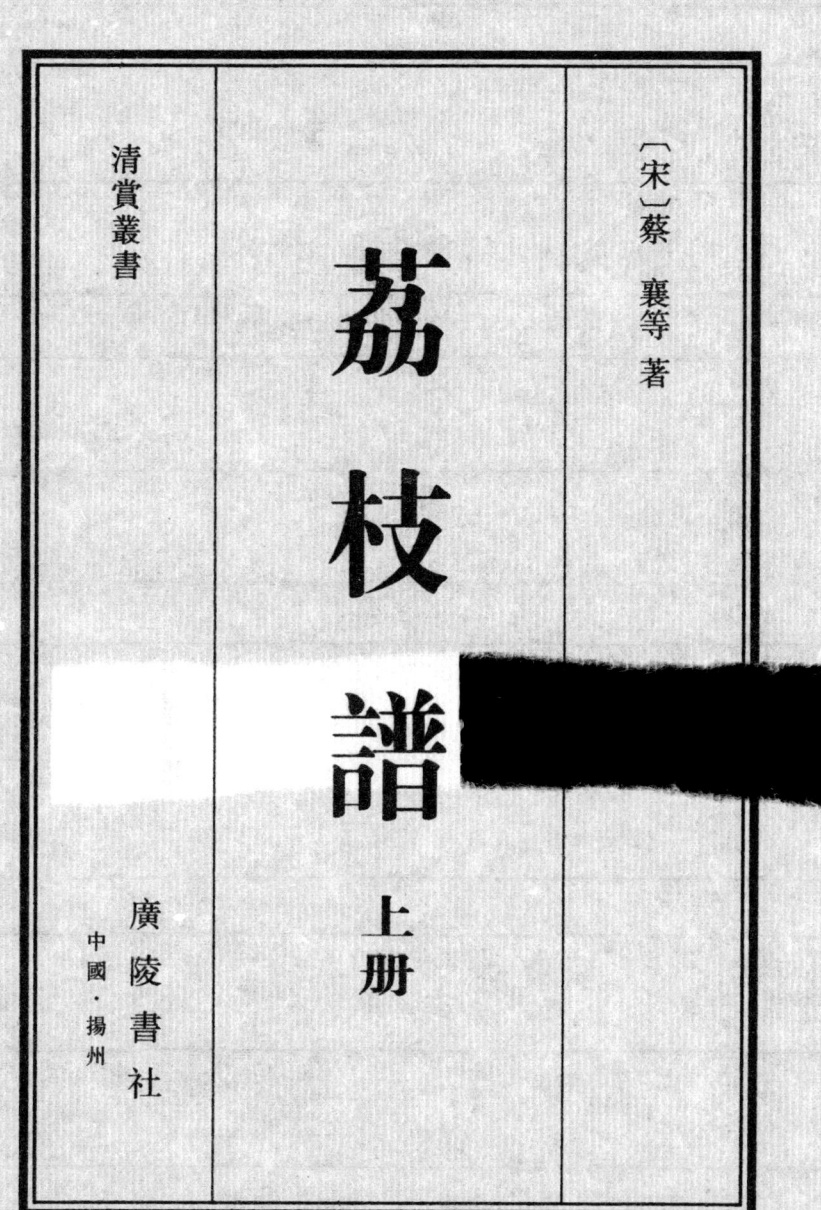

清賞叢書

〔宋〕蔡襄等著

荔枝譜

上册

廣陵書社
中國·揚州

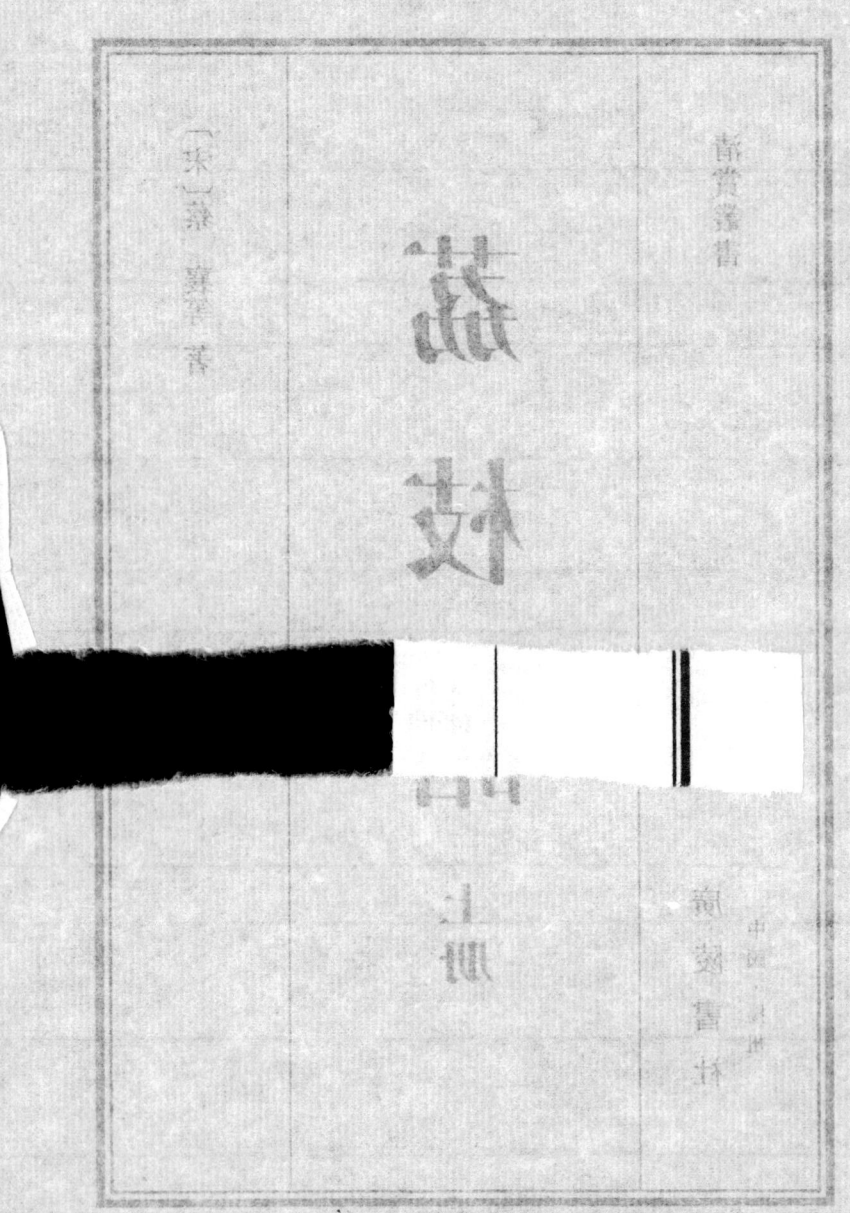

清賞叢書序

現代生活多姿多彩，而閱讀是一場永恒的心靈之旅；傳統文化包羅萬象，而經典是一泓不朽的精神源泉。傳統經典中既有莊重典雅的經史著作，也有温柔敦厚的詩詞文集，還有許多別具風格的藝術小品，如涓涓清泉，汩汩流淌，清新雅致，妙趣横生，賞讀品玩，回味無窮。于是我們彙集此類典籍，編爲《清賞叢書》，希望打造一套與《文華叢書》相得益彰的經典叢書，讓喜好傳統文化的讀者，享受古典之美，欣賞風雅之樂。

清新脱俗，是謂清；賞心悦目，是謂賞。這套《清賞叢書》的宗旨，就是擷取古人所稱清玩之物、清雅之言，以藝術賞鑒和生活消閑類作品爲主，内容包括品鑒、養生、園藝、書畫、飲食等。仍采用宣紙綫裝的形式，經典内容與傳統形式珠聯璧合，古樸雅致，韵味無窮。

『林泉到處資清賞，翰墨隨緣結古歡。』一册在手，可品紅塵之閑趣，發思古之幽情。恍若置身古人的心靈家園，領悟經年纍月積澱的人生智慧，如品佳釀，如沐春風，喜悦自心而生，感悟隨時而長。

廣陵書社編輯部　二〇一八年七月

出版説明

『荔枝新熟雞冠色，燒酒初開琥珀香。』『日啖荔支三百顆，不辭長作嶺南人。』『垂黄綴紫煙雨裏，特與荔子爲先驅。』自古以來，荔枝被視爲佳果珍品，歷代文人對其吟詠不輟，或直敘荔枝甘美可口，抒發對荔枝的喜愛之情；或以古諷今，藉荔枝運輸勞民傷財，表達對時政的感慨。在衆多文獻中，荔枝譜録是先人系統梳理、總結和研究荔枝的專門著作，既是珍貴的科技史、地方史文獻資料，又具有園藝學與文學價值。據統計，自宋以來，不同的作者共撰有十餘種荔枝譜録。本書即選取四種荔枝譜彙爲一編，包括蔡襄《荔枝譜》、林嗣環《荔枝話》、陳鼎《荔枝譜》和吴應逵《嶺南荔支譜》，以下分别簡介。

蔡襄（一〇一二—一〇六七），字君謨，興化仙游（今屬福建）人，著有《蔡忠惠集》。蔡襄的《荔枝譜》成書於北宋嘉祐四年（一〇五九），是現存最早的荔枝專書。《四庫全書總目》稱『是編爲閩中荔枝而作，凡七篇，其一原本始，其二標尤異，其三誌賈鬻，其四明服食，其五慎護養，其六明法制，其七别種類』。本書分述荔枝的歷史、産地、品類、種植、食性和

加工等，爲後世荔枝譜確立了基本的篇目結構，被譽爲『荔枝學研究的里程碑』。此書有涵芬樓《説郛》本、《左氏百川學海》本、《四庫全書》本等版本，本次整理以《左氏百川學海》本爲底本。

《荔枝話》的作者林嗣環，字鐵崖，晉江（今屬福建）人，清順治年間進士，著有《鐵崖文集》《湖舫存稿》。該書文字較少，介紹了閩南採摘、買賣荔枝的民俗活動，並分別作詩讚頌火山、桂林、狀元紅、陳家紫等荔枝品種。本次整理以《檀几叢書》本爲底本。

《荔枝譜》的作者陳鼎，約生活於明清之際，字定九，江陰（今屬江蘇）人，著有《留溪別傳》《留溪外傳》等。本書分別記敘福建、四川、廣東、廣西四地的荔枝種類，每類詳述其産地、大小、顔色、口感、藥用價值，行文中亦涉及與荔枝有關的得名緣由和傳奇故事。書後張潮作跋稱：『使我親歷閩、蜀、甌、越諸地，安知不與陳子定九同其飽餐耶？』足見陳鼎遊歷之廣。今據《昭代叢書》本整理點校。

《嶺南荔支譜》的作者吴應逵，字鴻來，一字雁山，廣東鶴山人，清乾隆六十年（一七九五）舉人，著有《雁山文集》。

是書共六卷，將歷代有關荔枝的文獻資料繫於『總論』『種植』『節候』『品類』『雜事』綱目之下，分條梳理並註明文獻來源。吴應逵在編輯資料的同時，另將個人的見解、議論、考據散入正文中，今以楷體字編排，較正文低一格。本次整理以《嶺南遺書》本爲底本，底本原作『荔支』，今遵從底本，凡作『荔支』處即同荔枝。

此次整理出版，精擇底本，力求保留底本原貌，如遇異文，擇善而從，亦參考彭世獎校註《歷代荔枝譜校註》（中國農業出版社二〇〇八年版）。書後附録歷代文人詠荔枝名篇，以饗讀者。唐代詩人白居易有詩句讚美荔枝云：『嚼疑天上味，嗅異世間香。』讀者賞鑒經典荔枝譜，必能心曠神怡，齒頰生香。

廣陵書社編輯部

二〇二三年六月

目録

荔枝譜

〔宋〕蔡襄 著

第一

荔枝之於天下，唯閩粵、南粵、巴蜀有之。漢初，南粵王尉佗以之備方物，於是始通中國。司馬相如賦上林云『答遝離支』，蓋夸言之，無有是也。東京、交阯七郡貢生荔枝，十里一置，五里一堠，晝夜奔騰，有毒蟲猛獸之害。臨武長唐羌[一]上書言狀，和帝詔太官省之。魏文帝有西域蒲桃之比，世譏其繆論。豈當時南北斷隔，所擬出於傳聞耶？唐天寶中，妃子尤愛嗜，涪州歲命驛致。時之詞人多所稱詠。張九齡賦之以託意。白居易刺忠州，既形於詩，又圖而序之。雖髣髴顔色，而甘滋

之勝莫能著也。洛陽取於嶺南，長安來於巴蜀，雖曰鮮獻，而傳置之速，腐爛之餘，色香味之存者亡幾矣。是生荔枝，中國未始見之也。九齡、居易雖見新實，驗今之廣南州郡與夔梓之間所出，大率早熟，肌肉薄而味甘酸，其精好者僅比東閩之下等。是二人者亦未始遇夫真荔枝者也。閩中唯四郡有之，福州最多，而興化軍[二]最爲奇特。泉、漳時亦知名，列品雖高而寂寥無紀，將尤異之物，昔所未有乎？蓋亦有之，而未始遇乎人也。予家莆陽，再臨泉、福二郡，十年往還，道由鄉國，每得其尤者，命工寫生。粹[三]集既多，因而題目，以爲倡始。夫以

一木之實，生於海瀕巖險之遠，而能名徹上京，外被夷狄，重於當世，是亦有足貴者，其於果品，卓然第一。然性畏高寒，不堪移殖，而又道里遼絶，曾不得班於盧橘、江橙之右，少發光采。此所以爲之嘆惜，而不可不述也。

注釋：

[一]唐羌：字伯游，東漢和帝時任臨武長，曾上書力諫反對進貢龍眼和荔枝，和帝從之。

[二]興化軍：北宋太平興國四年（九七九）改太平軍置，治興化縣。太平興國八年，移治莆田縣。

[三]猝：同『萃』，聚集。

第二

興化軍風俗，園池勝處，唯種荔枝。當其熟時，雖有他果，不復見省。尤重陳紫，富室大家，歲或不嘗，雖别品千計，不爲滿意。陳氏欲採摘，必先閉户，隔墻入錢，度音鐸。錢與之，得者自以爲幸，不敢較其直之多少也。今列陳紫之所長，以例衆品。其樹晚熟，其實廣，上而圓，下大可徑寸有五分，香氣清遠，色澤鮮紫，殼薄而平，瓤厚而瑩，膜如桃花紅，核如丁香母。剥之凝如水精，食之消如絳雪，其味之至，不可得而狀也。荔枝以甘爲味，雖百千樹莫有同者。過甘與淡，失味之中，唯陳紫之

於色香味自拔其類，此所以爲天下第一也。凡荔枝，皮膜形色一有類陳紫，則已爲中品。若夫厚皮尖刺，肌理黄色，附核而赤，食之有查，食已而澀，雖無酢味，自亦下等矣。

第三

福州種殖最多。延貤原野，洪塘水西，尤其盛處，一家之有至於萬株。城中越山，當州署之北，鬱爲林麓。暑雨初霽，晚日照曜，絳囊翠葉，鮮明蔽映，數里之間，焜如星火，非名畫之可得，而精思之可述。觀攬之勝，無與爲比。初著花時，商人計林斷之以立券，若後豐寡，商人知之。不計美惡，悉爲紅鹽去聲。者，水浮陸轉，以入京師，外至北戎西夏，其東南舟行新羅、日本、流求、大食之屬，莫不愛好，重利以酬之。故商人販益廣，而鄉人種益多，一歲之出，不知幾千萬億。而鄉人得飫

食者，蓋鮮以其斷林鬻之也。品目至衆，唯江家緑爲州之第一。

第四

荔枝食之有益於人。《列仙傳》稱：『有食其華實，爲荔枝仙人。』《本草》亦列其功。葛洪云：『蠲渴補髓。』所以唐羌疏曰：『未必延年益壽。』蓋云雖有其傳，豈果能哉？亦諫止之詞也。或以其性熱，人有日啖千顆，未嘗爲疾。即少覺熱，以蜜漿解之。其木堅理難老，今有三百歲者，枝葉繁茂，生結不息，此亦其驗也。

荔枝譜

第五

初種畏寒，方五六年，深冬覆之，以護霜霰。福州之西三舍曰水口，地少加寒，已不可殖。大略其花春生，蔌蔌然白色。其色多少，在風雨時與不時也。有間歲生者，謂之歇枝；有仍歲生者，半生半歇也。春雨之際，傍生新葉，其色紅白。六七月時，色已變緑，此明年開花者也。今年實者，明年歇枝也。最忌麝香，或遇之，花實盡落。其熟未更採摘，蟲鳥皆不敢近；或已取之，蝙蝠蜂蟻争來蠹食。園家有名樹，旁植四柱小樓，夜棲其上，以警盜者。又破竹五七尺，摇之答答然，以逼蝙蝠之屬。

第六

紅鹽去聲。之法：民間以鹽梅鹵浸佛桑花爲紅漿，投荔枝漬之，曝乾，色紅而甘酸，可三四年不蟲。去聲。修貢與商人皆便之，然絶無正味。白曬者正爾，烈日乾之，以核堅爲止。畜之甕中，密封百日，謂之出汗，去去聲。汗耐久，不然踰歲壞矣。福州舊貢紅鹽、蜜煎二種。慶曆初，太官問歲進之狀，知州事沈邈以道遠不可致，減紅鹽之數而增白曬者，兼令漳、泉二郡亦均貢焉。蜜煎：剥生荔枝，笮[一]去其漿，然後蜜煮之。予前知福州，用曬及半乾者爲煎，色黄白而味美可愛。其費荔枝減

常歲十之六七。然修貢者皆取於民，後之主吏利其多取以責賂，曬煎之法不行矣。

注釋：

[一]笮（音責）：壓榨。

第七 陳紫已下十二品有等次，虎皮已下二十品無等次。

陳紫，因治居第、平窊坎[一]而樹之，或云厥土肥沃之致。今傳其種子者，皆擇善壤，終莫能及，是亦賦生之異也。

江綠，大較類陳紫而差大，獨香薄而味少淡，故以次之。其樹已賣葉氏，而民間猶以爲江家綠云。

方家紅，可徑二寸，色味俱美，言荔枝之大者皆莫敢擬。歲生一二百顆，人罕得之。方氏子名蓁，今爲大理寺丞。

游家紫，出名十年，種自陳紫，實大過之。

小陳紫，其樹去陳紫數十步。初，一家並種之，及其成也差

小，又時有穗[二]核者，因而得名。其家別居，二紫亦分屬東西陳焉。

宋公荔枝，樹極高大，實如陳紫而小，甘美無異。或云陳紫種出宋氏。世傳其樹已三百歲，舊屬王氏。黄巢兵過，欲斧薪之，王氏媪抱樹號泣，求與樹偕死，賊憐之，不伐。宋公名諴，公者，老人之稱，年餘八十，子孫皆仕宦。

藍家紅，泉州爲第一。藍氏兄弟，圭爲太常博士，丞爲尚書都官員外郎。

周家紅，獨立興化軍三十年，後生益奇，聲名乃損，然亦不

失爲上等。

何家紅，出漳州何氏，世爲牙校。嘗有郡將全樹買之，樹在舍後，將熟，其子日領卒數十人穿其堂房，乃至樹所。其來無時，舉家伏藏，欲即伐去而不忍，今猶存焉。

法石白，出泉州法石院，色青白，其大次於藍家紅。

緑核，頗類江緑，色丹而小。荔枝皆紫核，此以緑見異，出福州。

圓丁香，丁香荔枝皆旁去聲。蒂大而下鋭。此種體圓，與味皆勝。

虎皮者，紅色絶大，繞腹有青紋，正類虎斑。嘗於福州東山大乘寺見之，不知其出處。

牛心者，以狀言之。長二寸餘，皮厚肉澀，福州唯有一株。每歲貢乾荔枝，皆調於民，主吏常以牛心爲準，民倍直購之以輸。予嘗黜而不用。

玳瑁紅荔枝，上有黑點，踈密如玳瑁斑，福州城東有之。

硫黄，顔色正黄而刺微紅，亦小荔枝，以色名之也。

朱柹，色如柹紅而扁大，亦云朴柹，出福州。

蒲桃荔枝，穗生一朶至一二百，將熟多破裂。凡荔枝，每

顆一梗，長三五寸，附於枝。此等附枝而生，樂天所謂『朵如蒲桃』者，正謂是也。其品殊下。

蚶殼者，殼爲深渠，如瓦屋焉。

龍牙者，荔枝之變怪者。其殼紅，可長三四寸，彎曲如爪牙，而無瓤核。全樹忽變，非常有也。興化軍轉運司廳事之西嘗見之。

水荔枝，漿多而淡，食之蠲渴。荔枝宜依山或平陸，有近水田者，清泉流溉，其味遂爾。出興化軍。

蜜荔枝，純甘如蜜，是謂過甘，失味之中。

丁香荔枝，核如小丁香，樹病或有之，亦謂之穬核，皆小實也。

大丁香，出福州天慶觀，厚殼紫色，瓤多而味微澀。

雙髻小荔枝，每朵數十，皆並蒂雙頭，因以目之。

真珠，剖之純瓤，圓白如珠，荔枝之小者止於此。

十八娘荔枝，色深紅而細長，時人以少女比之。俚傳閩王王氏有女第十八，好啖此品，因而得名。其家今在城東報國院，冢旁猶有此樹云。

將軍荔枝，五代間有爲此官者種之，後人以其官號其樹，

而失其姓名之傳。出福州。

釵頭，顆紅而小，可間婦人女子簪翹之側，故特貴之。

粉紅者，荔枝多深紅，而色淺者爲異，謂如傅朱粉之飾，故曰粉紅。

中元紅，荔枝將絶纔熟，以晚重於時。予嘗七月二十四日得之。

火山，本出廣南，四月熟。味甘酸而肉薄，穗生，梗如枇杷，閩中近亦有之。山在梧州。

右三十二品，言姓氏，尤其著者也；言州郡，記所出也；不言姓氏、州郡，四郡或皆有也。

注釋：

[一]窊坎：窪地。

[二]穛：《漢語大字典》引《玉篇·禾部》：「穛，物縮小也。」

《四庫全書總目·荔枝譜提要》

《荔枝譜》一卷，宋蔡襄撰。是編爲閩中荔枝而作，凡七篇，其一原本始，其二標尤異，其三誌賈鬻，其四明服食，其五慎護養，其六時法制，其七別種類。嘗手寫刻之，今尚有墨版傳於世，亦載所著《端明集》中，末有『嘉祐四年歲次己亥秋八月二十日莆陽蔡某述』十九字，而此本無之。案其年月，蓋自福州移知泉州時也。荔枝之有譜，自襄始。敘述特詳，詞亦雅潔，而王世貞《四部稿》乃謂白樂天、蘇子瞻爲荔枝傳神，君謨不及。是未知詩歌可極意形容，譜録則惟求記實，文章有體，詞賦與譜録殊也。襄詩篇中屢詠及荔枝。劉克莊《後村詩話》謂《四月池上》一首『荔枝纔似小青梅』句，即譜中之火山；《七月二十四日食荔枝》一首『絳衣仙子過中元』句，即譜中之中元紅；《謝宋評事》一首『兵鋒却後知神物』句，即譜中之宋公荔枝。蓋劉亦閩人，故能解其所指，知其體物之工。洪邁《容齋隨筆》又謂方氏有樹，結實數千顆，欲重其名，以二百顆送蔡忠惠，紿以常歲所產止此。蔡爲目之曰方家紅，著之於譜。自後華實雖極繁茂，逮至成熟，所存未嘗越二百，遂成語讖云云。其事太誕，不近理，殆好事者謬造斯言，然亦足見當時貴重此譜，故有此附會矣。

荔枝話

〔清〕林嗣環 著

閩南植荔枝、龍眼家，多不自採，吳越賈人春即入貲評樹下。吳越人曰斷，閩人曰贌[一]。有贌花者，贌孕者，贌青者，樹主與贌客倩慣估鄉老爲互人[二]。互人遶樹指示曰：某樹得乾幾許，某少差，某較勝，雖以見時多寡爲言，而後日之風雨之肥瘠，互人皆意而得之。他日摘焙，與所估不甚遠。估時兩家賄互人，樹家囑多，贌家囑少。

泉郡佳荔類多，其知名者曰火山，曰蚤紅。熟最先，曰桂林，一名野種，又名椰鍾，係出粵東，傾身而聳肩。又氣韻微減，曰進貢子，其瓤不溼，出阪田傅會元家。曰狀元紅，推錦田爲上，楓亭次之。若筆香麻餅，則山荔之總名也。熟最後，貌頗寢，啖時已與龍眼同薦冰盤矣。余各贈以詩：

火山初過鬧兒童，繞市連闉詫早紅。最喜他無矜岸氣，沖然散朗謝家風。

桂林移到粵山郛，法白藍紅久已無。食罷莫嫌渣滓累，也堪懸作大秦珠。

紅襦半解味慇懃，白皙單衣夢亦芬。漿裹紙筒渾不溼，祇今人憶傅稽勳。

狀元吾見亦如常，只此甘和壓衆香。舊賜緋袍今黯

淡，楓亭驛裏枉詩嘗。

松柏蕾麤熟較遲，入秋風味小稱奇。衣冠樸古言談澀，年少叢中恐未宜。

可惜漢和帝、唐貴妃口中未曾喫一好荔也。善喫荔者，就彼園林，摘其朝露，所云酌天漿是矣。若十里一置，五里一候，束縛馳驅，何異函齊王田橫之首遠致雒陽乎？白樂天《荔枝圖》可稱肖似，然妃子生於成都之灌縣，白傅官於重慶之忠州，一生耳目，但知巴峽有荔，謂之未見荔可也。荔枝名產，雖廣東不載，況西川哉！

三山荔，名勝畫者佳。漳郡荔，名黑葉者佳。又丁香、蜜丸二種，小而無核，即吾閩亦不多遇。大約如周昉美人，豐肉微骨，佳麗處都在溫柔鄉也。

桃花膜淺寫真難，舊譜燒除莫令看。牆外度錢風欲咽，樹頭攜筥露初乾。僧繇下筆金徽軟，李彥炊煙玉液寒。狂語總輸前代想，已經人比絳中單。

荔熟時，賃慣手登採，恐其恣啖，與之約曰：『歌勿輟，輟則弗給值。』樹葉扶疏，人坐綠陰中，高低斷續，喁喁弗已。遠聽之，頗足娛耳。土人謂之唱荔枝。

荔樹有百年者，四五百年者，圍不圓滿，類作雞骨形。雖閩乏雪霜，皮輒作鐵石色，或間歲一實，即實亦只半生。或分四方，歲一方實。土人謂之歇枝。

小車推滿麗長衢，覓得園林火齊無。膏養匝年機有待，道禁全盛理非殊。含風白拊雞頭實，出水紅虧鵠卵珠。奇術頗思殷七七，藥施根斷話仙姝。

有名陳家紫者，疑即蔡譜中所云小陳紫乎？泉郡七縣，有之不一二邑，邑不一二家，家不一二株。買者類趁虛趲集，闤喧牆外，以弔桶度錢，桔槔下上，每日只卯辰二刻爲期，稍後便如大府朝參畢，轅鼓不可擊矣。

物有超群者，風傳宋後丹。蜀山輪照耀，閩海盛波瀾。獨樹千枝讓，丰容四座看。不因留碩果，天予性甘寒。夙昔安平近，金錢無處通。啖仍嘘海上，挑豈到城中。是物關時運，於人譬德充。陳家名藉甚，珍重笱橋東。

閩困關以上無荔，延建人有終身未啖荔者。汀亦止止永定有一二株，漸向南則漸多。即地同，南樹較茂。樹同，南枝亦較茂。南不歇實，亦倍他枝。若粵荔，氣色香味皆遜閩南，涪州又遜粵州，余舊屬重慶太曾言之：

我生乳爲荔，多可千百緻。服食皆天漿，沆瀣吞常醉。多謝絳囊子，資我父母利。杜詩寫未工，蔡譜收難備。食多亦覺煩，法用鹽蜜治。一勺隨中消，本無渣滓累。嗟彼殊方人，懸想空夢寐。或以葡萄方，又將楊梅譬。二物信足珍，君言何易視。

荔葉經冬不落，有蟲如荔核，冬伏葉下。荔始挺花，蟲亦生子。一生十二粒，數應一歲，閏則增其一，土人名曰石背，言背堅如石也。荔之蟊賊，刺如菊虎。荔香時，石背輒溺，溺則全枝脱蒂，除禳無術，雨多則尤盛。臯司堂前荔半熟，將延客命酒，囑吏謹伺之，勿飽鼠雀。吏顰蹙曰：『今歲石背多。』臯公曰：『十倍多，正堪游目。』吏愈答愈不明，至摇頭灑泣，滿堂匿笑。臯公詢旁人，始得其解，相與一噱。

注釋：

[一]瞨：租佃。

[二]互人：爲互市交易提供服務的中介。又稱牙人。

荔枝譜

〔清〕陳鼎 著

荔枝譜序

天之于物也，生于春夏而成于秋冬。月令同，則所生之物宜無不同。然而此之所有，或爲彼之所無；彼之所饒，恒爲此之所乏，則何也？蓋物之生也，天主其半，地主其半，得天分多者固莫不相似，得地分多者往往互相殊絶。良以土壤有剛柔燥濕之差，山川有靈蠢清濁之異，又何怪乎物産之不齊哉！譬之于人，同爲一父之子，智愚賢不肖，判若天淵，亦以禀之母性者有不同耳。予于植物之中，嘗以荔枝爲果中尤物，非見而知之也，亦衹聞而知之。所恨天各一方，不能親嘗異味。吾友陳子定九忽以《荔譜》索序，讀其所記，不禁朵頤，何陳子與予其口之幸與不幸一至此乎？聖天子宰制萬邦，守臣畢獻方物，年來取荔枝樹，馳送京師，計日而達。斯以知百靈效順，即一物之微，亦欲自靖于廟堂之上。猗歟休哉，何道之隆也！然則人亦顧所樹立者何如耳？果能如荔枝之超軼群品，安知不有人焉推轂于京師耶？雖然荔有佳有劣，吾願讀是編者寧爲翰墨香，慎毋爲墨荔也。心齋張潮撰。

福建

福州荔枝種類甚多，絶品則十八娘、狀元紅、將軍紫，皆皮薄核小肉厚，甘如瓊漿，啖數百顆不饜。雖多食，亦不傷脾。糝鹽少許，入腎家，能令人精神充溢，肌膚潤澤。熟時錦綴枝頭，遠望如曉霞射目，不覺涎之垂也。

玉帶束佳人，明萬曆初産螺女江南甘果山中。上下俱紅，中一道白如雪，若帶狀，又名美人腰帶紅。啖十顆，輒酩酊如中酒，又名醍醐荔。及神廟崩，此荔數百本俱槁。嗟乎！明代至萬曆朝，可謂極盛矣。至治之世，天不愛瑞，地不愛寶，山川

草木，皆有休禎，此醍醐荔所由生。及其衰也，宜乎醍醐荔之竭也。

長生棗，産泉州紫帽山下。長三寸，圍五寸，上下鋭如棗狀。皮色黑紫，肉如黄金，味甘香，每株止結八十一枚。初，主人怪之，不敢食。有道士從終南來，見之曰：『此神仙長生棗也，食之可辟穀。』令家人各食三枚，皆七日不飢。每歲實如前數，主人惡其獲息寡，盡伐之，易植他荔，此種遂絶，惜哉！

探花紅，産興化烏石山。其實繁碩，其味甘滑，與群荔不同，殆與十八娘、狀元紅、將軍紫爲匹者矣。烏石素産佳荔，以

宋家香爲上，然其種元時即絶，今惟此種爲上。

保和枝，産泉郡北陳巖山蓮花峰。共十本，實大色黄，甘美異常。啖之，可消胸膈煩悶，調逆氣，導營衛。其核燒灰酒下，可已痢，止腹痛。後爲海寇砍伐殆盡。

太極圖，産泉郡壺公山。山形方鋭如圭，上有盤陀石、法流泉、濯纓沼，沼旁太極圖産焉。形圓而扁，半紅半緑，如太極圖狀。味甘性温，多啖不熱。舊止三株，今已無矣。

蓮花幢，産南安縣梅花山下。及蒂半寸許，色青，如華蓋狀。上則赤如丹砂，味甘肉厚，土名法幢。數百本中，止有一

二株不下十八娘也。

赤命符，産同安文圃山。皮色如夜光珠，中有委曲緑文，如符篆狀，而味大殊衆荔。國初，一荔上有文曰『清受命』三字，未幾監國唐王敗亡，而八閩大定。豈非天哉！

秋露紅，産德化鳳翥山僧舍。止一株，高三四丈，碧葉扶疎可愛。至秋分方熟，味甘而核小，但實不大，而色不艷，以是不知名。

休明荔，産安溪縣文廟中。止二株，本大如拱，其來久矣。平年不實，如遇邑中士子登科第，則實繁碩，甘香可匹狀元紅

也。甲子秋，在會城晤安溪令，問其樹，答曰：『今夏爲雷火所薄，二樹槁矣。』嗟乎！材之美者，亦爲造物所忌耶？

漳州荔種極盛，而漳浦爲最。紫微山中産相袍紫、馬上嬌，味甘而色麗，實大而核小，啖百顆則腑臟清虚，滓穢蕩盡，兩腋風生，飄然欲仙矣。或曰荔性大熱，惟此二種性極温，故多啖鼻不衄。

鳳毛荔，産丹霞嶼中。其色五彩，陸離可觀，土人呼爲落得看，以其味澀而酸，不堪咀嚼，止落得看也。嗟乎！文人無行者類此荔矣。

回春果，産康仙祠中。止一株，長數丈，大數圍。枝皆下覆，葉大如掌，而色翠與衆荔殊。其實味苦澀，酸辣不可口，採以浸酒，能已風去癘，治癩如神，葉亦然。後爲劫火所滅。

萬年枝，産鎮海衛陳氏園中，又名海角春。洪武初生，止有一株，青花、朱實、黄肉、白漿、黑核，備五行之色焉。其味如蜜，其香如柑，啖一枚口馥三日。陳氏寶之，非佳客不得啖也。每歲熟二百七十餘枚。明亡，其樹亦死，陳氏亦寥落。嗚呼！是荔又與有明爲興滅者矣。

海底月，産漳郡西湖緑蘿菴中。止一樹，其實圓而扁，色

如渥丹，核如赤小豆，味甘皮薄。每歲實不足數十顆，爲比丘所寶，以是人罕得嘗。

翰墨香，産銅山黄石齋先生花圃中。圃爲先生大父所築，中有赤石一塊，長數丈，大數圍，其足如斗。風來則摇動如鈴，名曰風動石。母夫人夢石墜而誕先生，故長號曰『石齋』。先生誕之年，風動石旁不植而生荔一株。十歲，而生實三百六十五枚，味甘滑，色潤澤，其臭如墨，故名。時先生已通《易》學矣，每歲實如前數，及先生鄉薦捷南宫，入翰林，俱倍之。先生死，樹亦枯。

匏瓜荔，産漳郡城北君子亭旁。亭爲朱文公所建，歷朝好事當道，俱修葺以爲游觀地。荔味苦澀不可啖，然實碩大圓潔，色澤可觀。熟時芬香觸鼻，差足愛人。嗟乎！朱子生當宋季，不能見用，如匏瓜繫而不食，豈其所建亭旁産荔亦然耶？吾於是而感慨繫之矣。或曰此荔曝乾，甘香藴藉，可與宋家香埒。

四川

荔枝，成都亦有之，不實者多。有一種海棠秋，碩大甘美，不下閩、廣之佳者，立秋後方熟。或曰自獻賊亂後，荔種已絶，惜哉！

馬蹄金，産敘州府山中。上小下大如馬足，皮如金色，味甚佳，核小肉厚，爲敘郡冠。

玉真子，産重慶府涪州。唐時最盛，有妃子園荔五百株，爲楊貴妃所嗜，因名玉真子。馬上七日夜至京師，即此荔也。故唐詩有『一騎紅塵妃子笑，無人知是荔枝來』之句。此種久絶，今有班家娘者，其味當可與玉真子匹。

並頭歡，産眉州山中。開並蒂花，結並頭果。一囊雙核，色紫味甘皮香，乃川中絶品也。峨眉、洪雅、夾江、犍爲、滎州俱有，但樹不盛，果亦希有。

瀘州多瘴癘，三四月感之必死。然産荔一種，號紫玉環，味甘肉厚，香美特出。曝乾，啖一枚可除瘴癘。即早行大霧中，嵐氣不得侵也。

夜半香，産黎州土司中。止有一樹，相傳至明末，已五百歲矣。成熟時，每至午夜，香發如清秋丹桂，可聞十里。但味不甘而微酸，爲不佳耳。

廣東

廣州荔亦最盛，以掛緑爲第一品。實碩大，味甘香，核細如豌豆。其殼上赤如丹砂，下緑如澄波，故名掛緑。與十八娘並驅，未知孰得上駟[二]也。

玉露霜，産新會厓門山。白殼丹肉，不摘經冬不落。其味甘酸，啖之止嗽，降肺火，療怯病。

明月珠，産南海番禺山中，在掛緑之次。其色如火，味同掛緑，而皮厚，少遜。然不過數株，俱産大姓家，遊客不惟不得食，并且不得見也。

妃子笑，産佛山。色如琥珀，有光，大如鵝卵。其甘如蜜，其臭如蘭。皮薄而肉厚，核小如豆，漿滑如乳。啖之能除口氣，使齒牙香經宿，宜乎妃子見之而笑也。止一株，亂離以來，亦爲劫灰矣，悲哉！

萬里碧，産東莞戴家園。皮色碧如中秋雨後天，與葉色不同。味甘香，肉潤滑。成熟，皮色不變。

驪項珠，産順德龍巖山中。圓大而色如血。每成熟時，一葉數果，不見葉，但見朱實垂垂，望之如錦覆枝頭，燦爛奪目。味甘香。

珊瑚樹，産清遠山中蔡家。止一樹，高數丈。每至熟時，葉俱脱，望之如數仞珊瑚。但實小，然漿甚多，每二枚可滓一甌，味甘而香滑。

牟尼光，産潮州大埔山中，爲潮郡第一品。大如雞卵，每一顆可清漿一甌。其味如乳，飲之功同參苓。

瓊瑶彈，小如彈丸而無核，味甘如蜜。有梅花香，皮薄如紙，亦香甜不澀，可並啖也。出程鄉山中。

若草春，産惠來山中。皮香如橘，肉亦如之。味甘而厚。

已上三種，皆爲潮陽最，然不可多得也。

琥珀光，又名火齊，出雷州海康林氏宅内。實大如柑，味甘。性最熱，食不過五枚，過五則鼻衄如注。

水晶毬，止一樹，在潮陽平湖書院中。白花、白殼、白肉、白核，而漿如血。味甘而香沁肺腑，亦異種也。

公孫，産東莞。每蒂一大一小，土人呼爲公領孫。皮薄核小，肉厚甘香，可並狀元紅也。

注釋：

〔一〕上駟：原指優良的馬，語出自《史記·孫子吴起列傳》：『孫子（謂田忌）曰：「今以君之下駟與彼上駟，取君上駟與彼中駟，取君中駟與

彼下駟。」』此處代指品質更佳的荔枝。

荔枝譜

廣西

粵西荔種亦多，雖無粵東之盛，然亦有絕品。如中秋月一種，味甘，皮薄，肉滑，不下東粵掛綠、牟尼光也。

黃袍子，產廣西東蘭州。有四五株散于各山中，俱爲豪家所有。黃花、黃殼、白肉、紫漿、青核，故曰黃袍子。味甘性温，啖之快脾。每啖十枚，可倍加餐。

墨荔，產平樂萬山中。皮肉核俱黑如墨，味臭而苦辣，不可啖。或曰出賀縣山中，或曰荔浦、修仁二邑山中多有。人皆棄之，以其味惡也。或曰味臭而且有毒，誤食之，令人心腐腸

爛而死。嗟乎！墨荔者，墨吏也。

右荔四十三種，除墨荔可爲戒不可食外，餘皆奇品也。

他如猫兒眼、夜光珠、獅子鼻，皆平平無奇，及不可治病者，約百餘種，悉不入譜。

荔枝譜跋

余向以未食鮮荔枝爲虛生此口，既而又思之，此非我口之罪，乃我足之罪耳。使我親歷閩、蜀、甌、越諸地，安知不與陳子定九同其飽餐耶？定九足跡遍天下，不特多嘗異味，亦且多睹異物。勞雙足之力，以博口耳之歡，誠善自娛樂者矣。心齋居士題。

嶺南荔支譜

〔清〕吴應逵 著

序

荔支作譜，始於君謨。後有繼者，要皆閩人自誇鄉土，未爲定論。嶺南舊有《增江荔支譜》，著録《文獻通考》，其書不傳。長夏苦熱，避暑荔支灣上，良朋既集，各徵事實，因纂緝成編，事屬閩、蜀者，概從闕如。曰總論，曰種植，曰節候，曰品類，曰雜事，俾後之採風者得以觀覽焉。補其未備，尚俟諸博雅君子。道光丙戌，鶴山吴應逵自識。

荔枝譜

卷一

總論

荔支樹高五六丈餘，大如桂樹，緑葉蓬蓬然。冬夏榮茂，青華朱實，實大如雞子。核黄黑，似熟蓮。實白如肪，甘而多汁。至日將中，翕然俱赤，則可食也。一樹下子百斛。嵇含《南方草木狀》。

荔支冬青，夏至子始赤，六七月方可食，甘酸宜人。其細核者謂之焦核，荔支之最珍也。竺法真《登羅山疏》。

荔支精者，核如雞舌，香甘美，多汁。顧微《廣州記》。

荔支爲異，多汁，味甘絶口，又小酸，所以成其味。可飽食，不可使厭。生時大如雞子，其膚光澤，四月始熟也。《異物志》。

荔支、壺橘，南珍之上。《太平御覽》引《廣志》。

荔支樹生山中，葉緑色，實正赤，肉肥，肌正白，味美。劉淵林《吴都賦》注。

伊尹言：丹山之南有鳳丸，沃民所食。鳳丸必荔支也，所謂仙人之美禄，非邪？《廣語》。

南海郡多荔支，荔支爲名者，以其結實時枝條弱而蒂牢，不可摘取，以刀斧劙[一]取其枝，故名。朱應《扶南記》。

荔字從艹從刕，不從劦。刕音離，割也。劦音協，同力也。荔字固當從刕，《本草》謂：『荔支木堅，子熟時須刀割乃下。』今瓊州人當荔支熟，率以刀連枝斫取，使明歲嫩枝復生，其實益美。故漢時皆以爲離支，言離其樹之支，子離其枝，枝復離其支也。《廣語》。

南海郡出荔支焉，每至季夏，其實乃熟，狀甚瑰詭，味特甘滋，百果之中無一可比。余往在西掖，嘗盛稱之，諸公莫之知，而固未之信。唯舍人彭城劉侯，弱年累遷，經於南海，一聞斯談，倍復嘉歎，以爲甘美之極也。又謂龍眼凡果，而與荔支

齊名，魏文帝方引蒲桃及龍眼相比，是時二方不通，傳聞之大謬也。夫物以不知爲輕，味以無比而疑，遠不可驗，終焉永屈。況士有未効之用，而身在無譽之間，苟無深知，與彼亦何以異也？張九齡《荔支賦序》。

荔支之於天下，唯閩、越、南粤、巴蜀有之。漢初，南粤王尉佗以之備方物，於是始通中國。司馬相如賦上林云『答遝離支』，蓋夸言之，無有是也。魏文帝有西域蒲桃之比，世譏其謬論。豈當時南北斷隔，所擬出於傳聞邪？夫以一木之實，生於海瀕巖險之遠，而能名徹上京，外被夷狄，重於當世，是亦有足貴者，其於果品卓然第一。然性畏高寒，不堪移植。而又道里遼絶，曾不得班於盧橘、江橙之右，少發光采。此所以爲之嘆惜，而不可不述也。蔡襄《荔支譜》論。

漢武帝破南越，移荔支種於長安，爲扶荔宫。迨永元間，五里一堠，十里一置，亦取諸交州，不聞取諸閩蜀也。唐天寶間，貴妃嗜荔，取之涪州，經子午谷，路近而捷，特以南海荔支勝蜀，每歲飛騎以進，亦不取諸閩也。宋都汴梁，後都臨安，去閩益近，而陳紫、宋香，其名乃顯。然則閩、蜀之荔，皆於粤爲後起耳。崔弼《白雲山志》。

世之品荔支者不一。或謂閩爲上，蜀次之，粵又次之。或謂粵次於閩，蜀最下。以予論之，粵中所産掛緑斯其最矣，福州佳者尚未敵嶺南之黑葉。而蔡君謨譜乃云『廣南州郡所出精好者，僅比東閩之下等』，是亦鄉曲之論也。朱彝尊《曝書亭集》。

向在京師，見《圖書集成》所列君謨譜外，有閩人所撰一卷云：閩粵荔支實相仿，在閩佳者在粵亦佳。但熟有先後，種有高下，過客未能遍嘗，漫分軒輊耳。同一美種，樹老尤勝。蔡譜上品今多無有，則樹老不存之故。今吾粵四月所熟，名玉荷包，尚非佳品。至六月之黑葉及新興香荔、增城掛緑，則人

人皆知其美。同種中又自有高下，或種植得法，或閱歲數百，結實皆殊，絶意閩中，未是過也。温汝适《攜雪齋詩鈔》注。

荔支食之有益於人。《列仙傳》有稱食其華實爲荔支仙者，《本草》亦列其功。葛洪云：『蠲渴補髓。』或以其性熱，人有甘啖千顆，未嘗爲疾。即少覺熱，以蜜漿解之。蔡襄《荔支譜》。

《物類相感志》云：『食荔支多則醉，以殼浸水，飲之即解。』此即食物不消，還以本物消之之意也。《本草綱目》。

摘荔支時，宿之井中，沃以寒泉，火氣既去，金液斯絶。以正陽精蕊而配以正陰津液，水火既濟，斯爲神仙之食。火則寒

之，水則熱之，此食荔支之法。《廣語》。

荔支多食，飲蜜一杯即解。或以青鹽調白火酒飲，或飲荔支酒過醉，則以荔支殼浸水飲。又荔支多露，有過食者味爽，就樹間先吸其露，次咽其香，使氤氳若醉，五内清涼，則可以消肺氣，滋真陰，卻老還童，作荔支之仙。

此深於食荔支者，傳置雖速，色香味之存者無幾。君謨謂『生荔支中國未之見』，林鐵崖謂『和帝、貴妃口中未嘗喫一好荔』，非苛論也。

諺曰：『飢食荔支，飽食黃皮。』黃皮果，狀如金彈，其漿酸甘，可消食順氣，除暑熱。荔支饜飫，以黃皮解之。俱同上。

東坡云：『柳花著水萬浮萍，荔實周天一歲星。』蓋栽荔支必十二年而結子，故其木堅而不蠹，爲用器百年不敝。華於冬而實於夏，可以鹽蒸，可以蜜漬，可以浸酒，可以火焙爲乾，捆載致遠。崔弼《白雲山志》。

近用博接之法，則四年可以結實，不必俟十年也。蓋人巧可奪天工耳。

南海東莞多水枝，增城多山枝，每歲估人鬻者水枝七之，山枝三四之。載以栲箱，束以黃白藤，與諸瑰貨向臺關而北，

臘嶺而西北者，舟船弗絶也。然率以荔支、龍眼爲正貨，挾諸瑰貨，必挾荔支、龍眼。正爲表而奇爲裹。奇者曰細貨，所謂深藏若虛也。廣人多衣食荔支、龍眼，其爲梼箱者、打包者各數百家。舟子車夫皆以荔支、龍眼贍口。《廣語》。

紅鹽、火焙、曬煎諸法，色香味俱失，非荔支之真，概不採録。

梁蕭惠開云：『南方之珍惟荔支，楊梅、盧橘，亦可投諸藩溷。』故坡詩云『南村諸楊北村盧』『特與荔子爲先驅』也。《能改齋漫録》。

李直方嘗第果實名，以緑李爲首，楞梨爲副，櫻桃爲三，柑子爲四，蒲桃爲五。或薦荔支，曰當舉之首。李肇《國史補》。

僕嘗問荔支何所似，或曰似龍眼，坐客皆笑其陋，荔支實無所似也。僕曰：『荔支似江瑶柱。』應者皆憮然。《東坡雜記》。

荔支之於果，仙也，佛也，實無一物得擬者。江瑶柱、河豚魚，既非其倫，塞蒲桃、楊家果，不堪作奴矣。歐陽永叔比之牡丹，亦觀場之見耳。譬於月，以爲鉤，爲鏡，爲珪，皆第二月，非月體也。蔡君謨亦云：『其味之至，不可得而狀也。』夫不可

得而狀，乃深於荔支者矣。宋珏《荔支譜》序。

夫以希奇靈異之物，而能珍惜之，留護之。結以同趣，集以嘉辰，幕以濃陰，浴以冷泉，披以快風，照以涼月，和以重碧，解以寒漿，徵以往牒，紀以新詞。雖跡溷塵壤而景界仙都，身坐火城而神遊冰谷。宋珏《荔社約》。

緑葉蓬蓬，團團如蓋，扶疎插天，赫曦若避，吾愛其樹。纍纍丹實，槎頭掛星，晴光掩映，照耀林藪，吾愛其色。絳囊乍剖，蠙珠初薦，瓊漿玉液，絶勝醍醐，吾愛其味。溼帶露華，寒凝絳雪，薰風暗度，疑對檀郎，吾愛其香。曹蕃《荔支譜》序。

長柯密葉，敷蔭席地，日交之而翠陰成，月交之而金影碎，風雪交之，不疎不凋。荔之陰，蓋與徂之松、建之榕、吴楚之豫章，同德而比義者也。北人不及知，南人有之而不必盡知也。周宣《荔支説》。

余生於閩，既幸與此果遇，且天賦啖量，能日啖一二千顆。值熱時，自初盛至中晚，腹中無慮藏十餘萬。而喜別品，喜檢譜，始以泉浸，繼以漿解，磁盆筠籠，一物不具，則寧不啖。宋珏《荔支譜》序。

此荔支第一知己也，人有詫東坡日啖三百爲囈語者，

聞此更舌撟不能下矣。馮魚山先生嗜荔量亦過人。嘉慶己丑夏，偕同人遊荔支灣，唯先生與予所啖最多。先生贈楹帖云：『熟讀白華爲孝子，飽餐丹荔即神仙。』

注釋：

[一]劙（音離）：切割。

卷二

種植

荔支根浮，須加糞土培之。性不耐寒，最難培植。纔經繁霜，枝葉枯死，至春二三月，再發新葉。初種時，冬月覆蓋之，以護霜雪。王象晉《群芳譜》。

荔畏西風，難度梅嶺。梁無技《南樵初集》詩註。

荔支近水則生，尤喜潮汐湍激之地。王臨亨《粵劍編》。

荔支以增城沙貝所産爲最，土黃潤多沙，潮味不到，故荔支絶美。自掛緑以下數十種，色香味迥異他縣。《廣語》。

廣州，凡磯圍堤岸皆種荔支、龍眼。或有棄稻田以種者，田每畝，荔支可二十餘本，龍眼倍之。以淤泥爲墩，高二尺許，使潦水不及。以芻草蓋覆，使烈日不及。而龍眼之幹，欲其皮中之水上升，以稻稈束之。欲其實多而大，以鹽瘞之。生蟲，則以鐵線濡藥刺之，否則樹盡蠹。凡龍眼用接，荔支用博。博之法：當花發時，以其枝削去青皮寸許，傅之以土。子結後，枝即生根，乃落之爲栽。接之法：以核漏出萌芽，長至三四月爲栽，乃以龍眼之枝屈而接之。其栽之枝葉盡脱，乃以樹上之枝葉爲栽之枝葉。其法與閩中異。閩之龍眼樹，三接者爲頂圓，核種十五年始實，實小不可食，則鋸木之半，以大實之幼枝接之。至四五年，又鋸其半，接如前。如此者三數次，其實滿溢，倍於常種。若一二接即止，形小味薄，不足尚也。三接者曰鹹樹，未接者曰野箞。廣之龍眼，大率野箞多，故不及閩。廣荔支種之四年即實，龍眼必至五年。

龍眼必經博接乃子，花頭十汰七八，子乃甜大。荔支花頭不可汰。語曰：『荔支惜花，龍眼惜子。』又曰：『荔支十花一子，龍眼一花十子。』荔支又貴以沃土厚培，使根深不拔，膏澤上行，沙水下滲，然後枝條鬱茂，實不裹刺，上廣下尖，樽肩壺

腹，而成嘉種。語曰：『荔支宜肥，龍眼宜确。』又荔支屬火，宜使向陽；龍眼屬水，宜向陰。荔支之陽子甜，龍眼之陰子甜。語曰：『當日荔支，背日龍眼。』俱同上。

荔支入土種者，氣薄不蕃，雖蕃不結實。間有成樹者，經十餘歲，稍稍結顆，内酸澀無味。鄉人於清明前後十日内，將枝梢刮去外皮一節，上加膩土，用棕裹之。至秋露，枝上生根，以細齒鋸，從根處截下，植之他所，勿令動摇。三歲，結子纍然矣。徐𤊹《荔支譜》。

接枝之法，取種不佳者，截去元樹枝莖，以利刃微啓小隙，將别枝削鍼插固隙中，皮肉相向，用樹皮封繫，寬緊得所，斟酌裹之。凡接枝，必待時暄，蓋欲藉陽和之氣，一經接博，二氣交通，則轉惡爲美也。若近海魚鹽之處，斥滷土鹹，其味微酸不佳，縱奪接之，終不能以彼易此也。同上。

荔子原無用核種者，皆用好枝刮去外皮，以土包裹，待生白根如毛，再用土覆一過，以臘月鋸下，至春遂生新葉也。木栽時，皆去枝葉，獨荔樹要留宿葉承露，若葉去露槁，則無生機。余嘗六七月鋸荔支蘆，新根方生，無不存活。最怕日晒，必求稍陰涼處，時時灌水，方易生葉。『蘆』字之義，果木非核

種者稱『蘆』，蓋福州方言也。鄧慶寀《荔支譜》。

荔支核小如丁香，土人亦能爲之。取荔支木，去其宗根，仍火燔令焦，復種之，以大石抵其根，但令旁根得生。其核乃小，種之不復牙。《夢溪筆談》。

余聞之種樹者云：此法多不活，即活，亦不盡驗。《開元遺事》載『明皇以藥傅荔支，核便如小丁香』，亦偶然耳。大約種類各别，如香荔及糯米餈，全是節核；大造、火山，則無一節核者，非人事之所能爲也。

有蟲名石貝，喜食荔支花蕊。荔支多虛花，花十子乃一。又以石背之爲賊，場師必務去之。石背閩中尤多，冬伏荔支葉下，荔始花，蟲亦生子，一生十二粒，數應一歲，閏則增其一。荔花時，石背輒溺，溺則全枝脱蒂，雨時尤盛。其背堅如石，故曰石背。廣中荔花所苦多雨耳，石背無甚害事。有黄蟲者，狀類蜜蜂。春社後，江岸地中，乘日暮而出，食百樹葉，色轉翠，蓋葉之所化，而嗜荔支之葉。予詩云：『葉化黄蟲還食葉，花生石背更餐花。』《廣語》。

荔支、龍眼俱忌飛鼠及石背蟲二物。一到果熟時，不三日無孑遺矣。崔弼《白雲山志》。

臯司堂前荔半熟，將延客命酒，囑吏謹伺之，勿飽鼠雀。吏矍蹙曰：『今歲石背多。』臯公曰：『十倍多，正堪游目。』吏愈答愈不明，至摇頭灑泣，滿堂匿笑。臯公詢旁人，始得其解，相與一噱。林嗣環《荔支話》。

有間歲生者，謂之歇枝。有仍歲生者，半生半歇也。春雨之際，旁生新葉，其色紅白。六七月時，色已變緑，此明年開花者也。今年實者，明年歇枝也。最忌麝香，或遇之，花實盡落。園家有名樹，旁值四柱小樓，夜棲其上，以警盜者。又破竹五七尺，摇之答答然，以逼蝙蝠之屬。蔡襄《荔支譜》。

每一年多，則一年少，閩中謂之歇枝，廣中謂之養樹。歲歲豐盈，則樹易衰。養之而後，經久不壞，子且繁大。蓋樹自養，非人養也。《廣語》。

荔支未熟，人未採，則百禽不敢近。纔採之，則烏鳥蝙蝠之類無不傷殘。《南海藥譜》。

種桃李者亦然，理實不可解。

舟自南海之平浪、三山而東一帶，多龍眼樹。又東爲番禺之李村、大石一帶，多荔支樹。龍眼葉緑，荔支葉黑，蔽虧百里，無一雜樹參其中。地土所宜，爭以爲業，稱曰龍荔之民。《廣語》。

順德有水鄉曰陳村，居人多以種龍眼爲業，荔支、柑橙諸果居其三四。他處欲種花木及荔支、龍眼、橄欖之屬，率就陳村買秧。又必使其人手種博接，其樹乃生且茂。其法甚秘，故廣州場師以陳村人爲最。同上。

種孩兒拳者，率以酒澆之。相傳味甚酸，有挑酒者至樹下而覆，逾年種，遂變。《古香齋雜記》。

高州西荔支村，兼種橘柚爲業。其樹連亘數畝，繫竹索引大蟻往來出入，藉以除蠹。蟻即于葉間營巢窠，多至什佰，結如斗大。吴震方《嶺南雜記》。

樹間有蟻，則蟲不爲害，故園丁買之。龔芝麓峽山寺詩注。